D1674882

# (SUR) VIE II

PHIL TEAM

## AVERTISSEMENT

La participation à tout programme d'exercice comporte un risque de blessure physique. Tu es fortement encouragé à consulter votre médecin avant de commencer ce programme. Votre l'engagement avec ce programme est à vos propres risques et, en s'engageant ainsi, vous acceptez que, dans la mesure où la loi le permet, vous assumez tous les risques de blessures et libérez et décharger Phil Team (et ses agents et employés) de tous et de toutes réclamations ou causes découlant de votre engagement dans le programme

## CLAUSE DE NON-RESPONSABILITÉ

La participation à tout programme d'exercice physique comporte un risque de blessure physique. Il est fortement recommandé de consulter votre médecin avant de commencer ce programme. L'engagement dans ce programme est à vos propres risques et, en vous engageant ainsi, vous acceptez que dans toute la mesure permise par la loi, vous assumez tous les risques de blessure et de libérer la Phil Team (et ses agents et employés) de toutes les réclamations ou causes découlant de votre participation au programme.

# SOMMAIRE

## Introduction

En tant que soldat, ou futur soldat, vous connaissez l'importance du soin que vous devez apporter à vos armes, outils et équipements.

Cela est particulièrement vrai pour votre couteau. Vous devez toujours le garder aiguisé et prêt à l'emploi. Un couteau est votre outil le plus précieux dans une situation de survie.

Imaginez que vous soyez dans une situation dégradée, sans armes, outils ou équipements autres que votre couteau.

Vous pourriez même être sans couteau. Vous vous sentirez probablement impuissant, mais avec les connaissances nécessaires et des compétences, vous pouvez facilement improviser les éléments nécessaires à votre survie.

Dans les situations vous devrez peut-être fabriquer différents outils et équipements adaptés au terrain pour survivre. Voici quelques exemples qui pourraient grandement faciliter votre vie.

Au programme : les cordes, les sacs à dos, les vêtements, les filets, et ainsi de suite.

*Les armes ont une double fonction. Vous les utilisez pour obtenir et préparer la nourriture et assurer votre autodéfense.*

*Une arme vous donne également un sentiment de sécurité et vous procure la capacité de chasser en mouvement.*

## MASSUE

Vous gardez votre massue en mains, vous ne la lancez pas. La massue ne vous protège pas des soldats ennemis.

Elle peut cependant le faire lors de combats au corps-à-corps. Il sert également à augmenter la force d'un coup sans se blesser.

### Massue simple

Elle doit être suffisamment courte pour être maniable, mais assez longue et assez forte pour que vous ayez un impact important lorsque vous frappez.

Le diamètre du manche devrait tenir confortablement dans la paume de votre main, mais il ne doit pas être trop fin au risque de se briser facilement à l'impact.

Un bois dur droit est préférable si vous pouvez le trouver.

## Massue lestée

Une massue lestée est comme une massue simple avec un poids à une extrémité. Le poids peut être un poids naturel, comme un nœud sur le bois, ou quelque chose d'ajouté, comme une pierre attachée.

Pour fabriquer une massue lestée, il faut d'abord trouver une pierre dont la forme vous permet de l'attacher solidement.

Si vous ne pouvez pas trouver une pierre de forme appropriée, vous devrez façonner une rainure dans la pierre grâce à la technique du picorage.

En frappant à plusieurs reprises la pierre avec une autre pierre dure plus petite, vous pouvez obtenir la forme désirée.

Ensuite, trouvez un morceau de bois de la longueur qui vous convient. Un bois dur droit est le meilleur là encore. La longueur du bois doit être suffisante par rapport au poids de la pierre.

Enfin, attachez la pierre à la poignée. Il existe trois techniques pour attacher la pierre à la poignée : voir sur l'illustration ci-dessous.

## Méthode 1

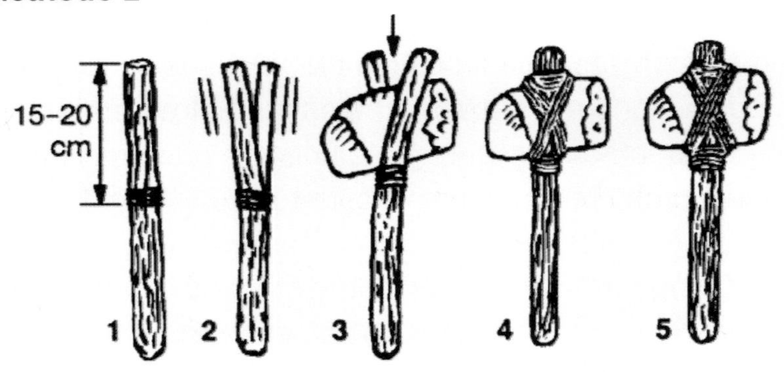


## Méthode 2

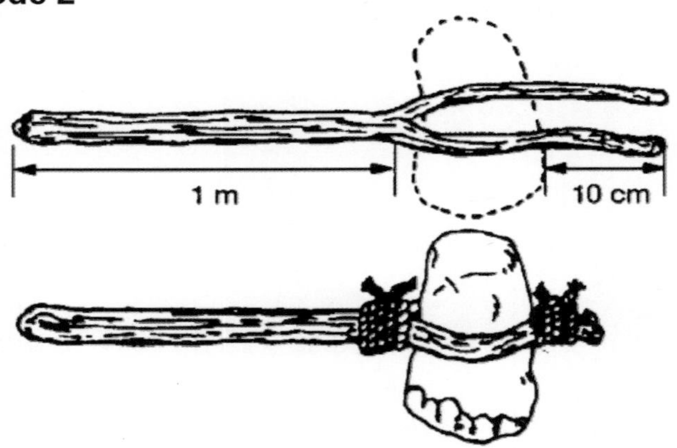


## Méthode 3

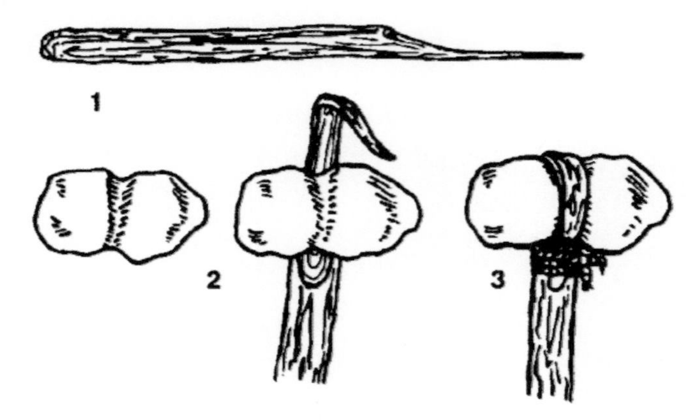

## ARMES TRANCHANTES

Les couteaux, les lames de lance et les pointes de flèches entrent dans la catégorie des armes tranchantes. Les paragraphes suivants traitent de la fabrication de ces des armes.

### Couteaux

Un couteau a trois fonctions de base. Il peut perforer, taillader ou couper. Le couteau est aussi un outil précieux pour construire d'autres moyens de survie.

Vous pouvez malgré tout vous retrouver dans une situation où vous n'avez rien sur vous. Pour improviser, vous pouvez utiliser de la pierre, des os, du bois ou métal pour fabriquer une lame de couteau ou de lance.

### Pierre Tranchante

Pour fabriquer un couteau de pierre, vous aurez besoin d'un morceau de pierre tranchant et d'un outil d'écaillage. Un outil d'écaillage est un outil léger, à bords émoussés utilisé pour casser de petits morceaux de pierre.

Vous pouvez faire un outil d'écaillage à partir, d'os ou de métal, ou de fer doux.
(Voir illustration ci-dessous)

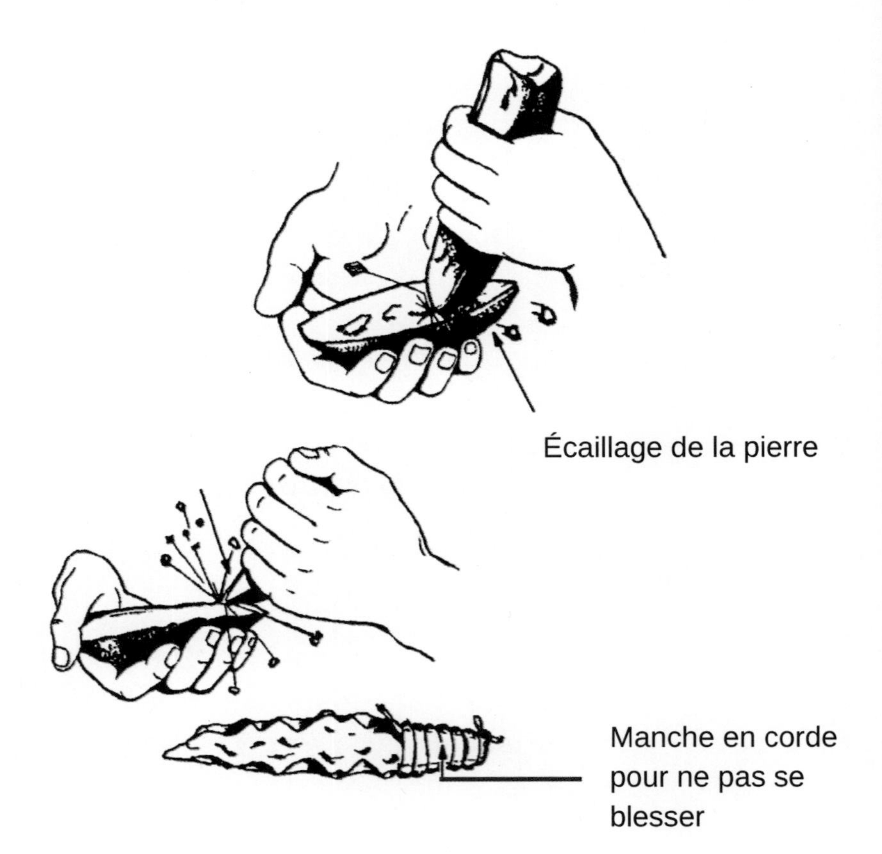
Écaillage de la pierre
Manche en corde
pour ne pas se
blesser

Commencez à fabriquer le couteau en ébauchant la forme souhaitée en utilisant l'outil d'ébréchure. Essayez de rendre le couteau assez fin.

Puis, à l'aide de l'outil d'écaillage, frottez-le contre les bords. Cette action va provoquer le détachement des parties du côté opposé du bord, laissant l'arête fine comme un rasoir.

Utilisez l'outil d'écaillage sur toute la longueur de l'arête que vous devez affiner. Au final, vous aurez un tranchant très affûté que vous pouvez utiliser comme un couteau.

Vous pouvez attacher la lame à une sorte de poignée, un manche en bois.
Note : La pierre fera un excellent outil de **perforation** et un bon outil de hachage.

## Os

Vous pouvez également utiliser l'os comme une arme tranchante efficace sur le terrain. Vous devrez d'abord choisir un os approprié. Les plus gros os, tels que l'os de la patte d'un cerf ou d'un autre animal de taille moyenne, sont les meilleurs.

Brisez l'os en le frappant avec un objet lourd, comme une pierre. Parmi les morceaux, choisissez-en un pointu. Vous pouvez encore façonner et aiguiser cet éclat en le frottant sur un rocher à surface rugueuse. Si la pièce est trop petite pour être manipulée, vous pouvez toujours l'utiliser en y ajoutant une poignée.

Choisissez un morceau de bois dur approprié comme poignée et attachez solidement l'éclat d'os.

Remarque : n'utilisez le couteau à os que pour **perforer**. Il peut s'écailler ou se briser s'il est utilisé différemment.

**Bois**

Vous pouvez fabriquer des armes tranchantes à partir de bois. Utilisez-les seulement pour **percer**. Le bambou est le seul bois qui peut contenir un bord.

Pour fabriquer un couteau en bois, il faut d'abord choisir une pièce
de bois dur droit, d'environ 30 centimètres de long et de 2,5 centimètres de diamètre.

Façonner la lame sur environ 15 centimètres de long. N'utilisez que les parties du bois qui sont droites. Durcissez le point par le feu. Si vous pouvez faire un feu, séchez lentement la lame jusqu'à ce qu'elle soit légèrement carbonisée.

Plus le bois est sec, plus la pointe est dure. Après avoir légèrement carbonisé la partie de la lame désirée, vous pouvez l'aiguiser sur une pierre.

Lors de la carbonisation, ne brûlez que l'intérieur du bois, surtout pas l'extérieur.

## Métal

Le métal est le meilleur matériau pour fabriquer des armes tranchantes adaptées au terrain.

Lorsqu'il est bien conçu, le métal peut remplir les trois fonctions d'un couteau : **perforer, couper ou hacher.** Il faut d'abord choisir une pièce de métal appropriée, une pièce qui ressemble le plus au produit final souhaité.

En fonction de la taille et de la forme originale, vous pouvez obtenir une pointe et un tranchant en frottant le métal sur une pierre brute.

Si le métal est suffisamment mou, vous pouvez martelé un bord même si le métal est froid. Utilisez un outil plat, dur et surface comme une enclume et un objet plus petit et plus dur en pierre ou en métal comme de marteau à marteler le bord. Fabriquer un manche de couteau en bois, l'os, ou tout autre matériau qui protégera votre main.

## Autres matériaux

Vous pouvez utiliser d'autres matériaux pour produire des armes tranchantes. **Le verre** est une bonne alternative à une arme ou un outil tranchant, si aucun autre matériau n'est disponible. Le verre a un avantage naturel mais est moins durable pour les travaux lourds. Vous pouvez également aiguiser **le plastique** - s'il est assez épais ou assez dur - pour en faire un point pour la perforation.

## LAMES DE LANCE

Pour fabriquer des lances, utilisez les mêmes procédures pour fabriquer la lame que vous utilisez pour fabriquer une lame de couteau. Choisissez ensuite un arbre (un jeune arbre droit) 1,2 à 1,5 mètre de long.

La longueur doit vous permettre de manier la lance facilement et de manière efficace. Fixez la lame de la lance à la branche à l'aide d'un dispositif de corde.

Notre méthode préférée est de fendre le manche, d'insérer la lame, puis d'envelopper le tout. Vous pouvez utiliser d'autres matériaux sans ajouter de lame.

Si possible, tirez durcissez la pointe. Le bambou fait aussi une excellente lance. Choisissez un morceau de 1,2 à 1,5 mètre de long.

Commencer 8 à 10 centimètres en arrière de l'extrémité utilisée comme pointe, raser l'extrémité à un angle de 45 degrés. N'oubliez pas, pour aiguiser les bords, rasez uniquement la partie intérieure.

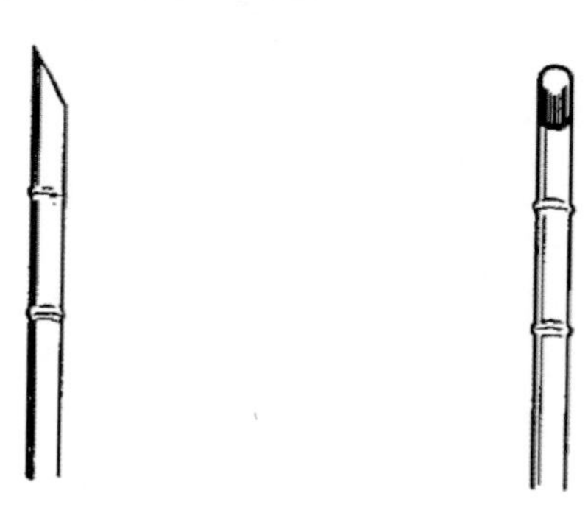

## POINTS FLÉCHÉS

Pour faire une pointe de flèche, utilisez les mêmes techniques que pour la fabrication d'une lame de couteau. Le silex et les pierres de type coquillage sont les meilleurs pour les pointes de flèches.

Vous pouvez façonner l'os comme de la pierre en l'écaillant. Vous pouvez faire une pointe de flèche à l'aide de verre brisé également.

## AUTRES ARMES OPPORTUNES

### Boomerang

Le boomerang, communément appelé bâton de lapin, est très efficace contre le petit gibier (écureuils, tamias et lapins).

C'est un bâton émoussé, naturellement courbé à un angle d'environ 45 degrés. Sélectionnez un bâton avec l'angle désiré en bois dur lourd comme le chêne.

Rasez sur deux côtés opposés de sorte que le bâton soit plat comme un boomerang. Vous devez vous entraîner avant à la technique du lancer pour la précision et la vitesse.

**Lasso à boule**

Il est particulièrement efficace pour capturer du gibier en fuite ou des volailles dans un troupeau.

Pour utiliser le lasso, tenez-le par le nœud central et faites-le tourner
au-dessus de votre tête.

Relâchez le nœud pour que la bola s'envole vers votre cible. Ces cordes s'enrouleront autour et immobiliseront la volaille ou l'animal que vous avez frappé.

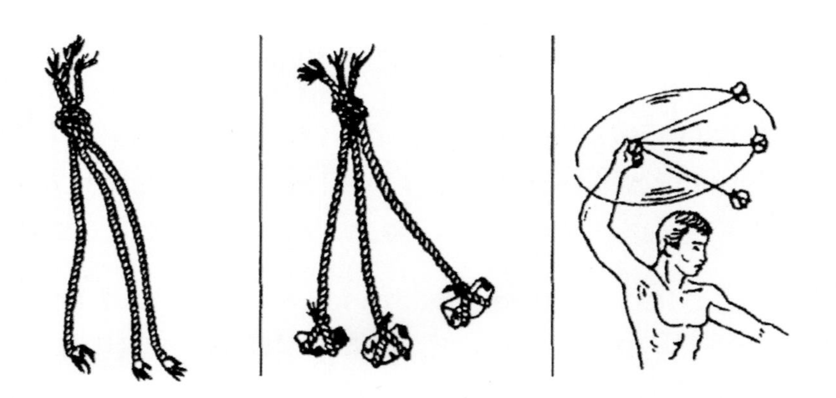

## LES ARRIMAGES & CORDAGES

De nombreux matériaux sont suffisamment résistants pour être utilisés en tant qu'arrimage et cordage.

Après avoir fabriqué la corde, testez la pour s'assurer qu'elle est suffisamment solide pour votre objectif. Vous pouvez faire en sorte que la corde soit plus résistante en tressant plusieurs brins ensemble.

Vous pouvez utiliser du cuir brut pour les gros travaux d'arrimage. Fabriquez du cuir brut à partir de la peaux de gibier de taille moyenne au moins.

Après avoir dépouillé l'animal, il faut enlever tout excès de graisse et tout morceau de viande provenant de la peau.

Sécher la peau complètement. Vous n'avez pas besoin de l'étirer tant qu'il n'y a pas de plis pour emprisonner l'humidité. Il n'est pas nécessaire d'enlever les poils de la peau.

Coupez la peau lorsqu'elle est sèche. Faites des coupes d'environ 6 millimètres de large. Démarrer
du centre de la peau et faire une coupe circulaire continue, dans le sens des aiguilles d'une montre, jusqu'au bord extérieur de la peau.

Faites tremper la peau brute pendant 2 à 4 heures ou plus, jusqu'à ce qu'elle soit molle. Utilisez-la mouiller, en l'étirant le plus possible. Le cuir sera solide et durable lorsqu'il séchera.

## CONSTRUCTION DU SAC À DOS

Les matériaux pour la construction d'un sac à dos sont presque illimités.

Vous pouvez utiliser du bois, du bambou, de la corde, de la fibre végétale, des vêtements, des peaux d'animaux, toile, et bien d'autres matériaux pour faire un paquet.

Il existe plusieurs techniques de construction pour les sacs à dos. Beaucoup sont très élaborées, mais celles qui sont simples et faciles sont les meilleures dans une situation de survie.

### VÊTEMENTS ET ISOLATION

Vous pouvez utiliser de nombreux matériaux pour les vêtements et votre isolation : les parachutes, les matériaux naturels, tels que les peaux et les matières végétales. Ils offrent une protection importante.

La sélection des peaux d'animaux dans une situation de survie va le plus souvent être limitée à ce que vous parvenez à piéger ou à chasser.

De préférence, sélectionnez les peaux des plus grands animaux avec une forte teneur en graisse. N'utilisez pas les peaux de personnes infectées ou des animaux malades si possible.

## Fibres végétales

Plusieurs plantes sont des sources d'isolation du froid.

La quenouille est une plante que l'on trouve le long des lacs, des étangs et des cours d'eau. Le duvet sur le dessus des tiges forme des espaces d'air mort et constitue une bonne isolation vers le bas lorsqu'il est placé entre deux morceaux de matériau.

Les noix de coco sont très bonnes pour le tissage des cordes et, une fois séchées, elles constituent un excellent liant et isolant.

**Exemple de fibres végétales**

## LES USTENSILES DE CUISINE ET DE REPAS

De nombreux matériaux peuvent être utilisés pour fabriquer des équipements pour la cuisine, la nourriture, et la conservation des aliments.

**Bols**

Utilisez du bois, de l'os, de la corne, de l'écorce ou d'autres matériaux similaires pour fabriquer des bols.

Accrochez le récipient en bois sur le feu et ajoutez des pierres chaudes à l'eau et à la nourriture.

Enlevez les roches à mesure qu'ils refroidissent et ajoutent des pierres chaudes jusqu'à ce que la nourriture soit cuite.

**ATTENTION**

N'utilisez pas de roches avec des poches d'air, comme le calcaire et le grès. Ils peuvent exploser en se réchauffant dans le feu. Vous pouvez également utiliser cette méthode avec des récipients faits d'écorce ou de feuilles.

Toutefois, ces récipients brûleront au-dessus de la ligne de flottaison, à moins que vous ne conserviez les humidifier ou maintenir le feu à un niveau bas.

**ATTENTION**

Une section scellée de bambou explose si elle est chauffée à cause de l'air emprisonné et de l'eau.

### Fourchettes, couteaux et cuillères

Sculptez des fourchettes, des couteaux et des cuillères dans des bois non résineux afin de ne pas avoir un arrière-goût de résine de bois ou ne pas altérer la nourriture.

Les bois tels que le chêne, le bouleau et d'autres arbres à bois dur sont parfaits.

**Remarque** : n'utilisez pas les arbres qui sécrètent un sirop ou un liquide résineux sur l'écorce ou lorsqu'elle est coupée.

### Pots

Vous pouvez fabriquer des pots à partir de carapaces de tortues ou de bois. Comme décrit avec les bols, L'utilisation de pierres chaudes dans un morceau de bois évidé est très efficace. Le bambou est le meilleur bois pour fabriquer des récipients de cuisson.

### Bouteilles d'eau

Fabriquez des bouteilles d'eau à partir de l'estomac d'animaux plus gros.

Rincez l'estomac avec de l'eau, puis attachez le fond. Laissez le haut ouvert, avec un moyen de le fermer.

# EN RÉSUMÉ

Il faut bien plus que des connaissances et des compétences pour construire des abris, se procurer de la nourriture, faire du feu et voyager sans l'aide de des appareils de navigation standard pour sortir vivant d'une situation dégradée.

Certaines personnes ayant peu ou pas de connaissance en survie ont réussi à survivre dans des circonstances extrêmes.

D'autres ayant reçu une formation à la survie n'ont pas su utiliser leurs compétences et sont morts.

L'attitude mentale des personnes est un élément clé de toute situation de survie. Il est important d'avoir des compétences de survie ; mais il est encore plus déterminant d'avoir la volonté de survivre.

Le savoir que vous gagnez à travers ce livre doit être pris au sérieux. Ces connaissances peuvent vous permettre de traverser des situations extrêmes, ou au contraire, de perdre la vie.

Mettez-vous régulièrement en situation, lire ce manuel n'est pas suffisant. Entre la réalité du terrain, et le confort de votre maison, **il y a un univers.**

Pour aller plus loin et vous préparez physiquement, nous vous proposons de découvrir nos autres guides en cliquant sur ce lien : https://entrainement-militaire.fr/collections/programme-militaire-commando

Pour les autres qui souhaitent en savoir plus sur le monde militaire, vous pouvez consulter nos derniers articles de blog en cliquant ici : https://entrainement-militaire.fr/blogs/parcours-de-militaire

Printed in Poland
by Amazon Fulfillment
Poland Sp. z o.o., Wrocław